Sitzungsberichte
der Akademie der Wissenschaften
der DDR
Mathematik – Naturwissenschaften – Technik

8N

1983

R. Grosse, E. Spitzer, K. Eckert, F.-D. Böhmer

Die Transport- und Erkennungsfunktion der Plasmamembran tierischer Zellen

AKADEMIE-VERLAG · BERLIN

Sitzungsberichte
der Akademie der Wissenschaften
der DDR
Mathematik—Naturwissenschaften—Technik

Jahrgang 1983 · Nr. 8/N

R. Grosse, E. Spitzer, K. Eckert, F.-D. Böhmer

Die Transport- und Erkennungsfunktion der Plasmamembran tierischer Zellen

AKADEMIE-VERLAG · BERLIN
1984

Vortrag vor der Klasse Biowissenschaften
vom 14. Oktober 1982 von Dr. sc. Richard Grosse,
Dr. Eva Spitzer, Dr. Klaus Eckert und Dr. Frank-D. Böhmer
aus dem Zentralinstitut für Molekularbiologie der AdW der DDR

Herausgegeben im Auftrage
des Präsidenten der Akademie
der Wissenschaften der DDR
von Vizepräsident Prof. Dr. Heinrich Scheel

ISSN 0138—3956
Erschienen im Akademie-Verlag, DDR-1086 Berlin, Leipziger Str. 3—4

Lizenznummer: 202 100/30/84
Printed in the German Democratic Republic
Gesamtherstellung: VEB Druckhaus Köthen
LSV 1315
Bestellnummer: 763 314 7 (2010/83/8/N)
00300

Essentieller Bestandteil aller biologischen Membranen ist ein Gemisch unterschiedlicher Phospholipide bestehend aus zwei Kohlenwasserstoffketten, die an einem Ende über eine polare Kopfgruppe zusammengeführt werden. Im wäßrigen Medium bilden Phospholipide spontan laminare Doppelschichten, deren zentrale Matrix aus Kohlenwasserstoffmolekülen bestehen, während in der Interphase zum Lösungsmittel die polaren Endgruppen angeordnet sind. In der Regel bestehen die Kohlenwasserstoffketten aus etwa 16—20 Kohlenstoffatomen, wobei ungefähr die Hälfte von ihnen ungesättigte Reste enthalten. Wäre das nicht so, würden unter physiologischen Bedingungen Membranen auskristallisieren. Die Kohlenwasserstoffmatrix der Lipiddoppelschicht gilt sowohl für Ionen wie auch für die meisten biologischen Makromoleküle als undurchlässig.

Die kontrollierte Kommunikation zwischen extra- und intrazellulärem Raum muß jedoch erfolgen um lebenswichtige Transporte von Ionen, energiefreisetzenden Metaboliten, Aminosäuren u. a. Stoffen zu sichern, aber auch um Sekreteiweiße oder Abbauprodukte über die Plasmamembran freizusetzen. Diese Aufgaben erfüllen spezifische Membranproteine. Sie repräsentieren die Transportfunktion der Plasmamembran. Außer dem Stofftransport ist zur Lebenssicherung der Zelle auch ein Informationsaustausch mit ihrer Umgebung notwendig. Eintreffende extrazelluläre Signale, z. B. in Gestalt bestimmter Hormone, müssen erkannt und die von ihnen übermittelte Informationen ins Zellinnere übertragen werden. Auch an diesen Prozessen sind spezialisierte Membranproteine beteiligt. Ebenso erfordert die geordnete Kommunikation zwischen Zellen die Anwesenheit von Plasmamembranproteinen, die für die Ausbildung von Zell-Zell-Kontakten bzw. die Übertragung von Informationen (gap junctions) zwischen benachbarten Zellen eines Gewebes verantwortlich sind. In diesem Zusammenhang sei hier vereinfachend die Bezeichnung Erkennungs- oder Rezeptorfunktion der Plasmamembran eingeführt. Beide genannten Funktionen sind, wenn heute auch nur aus ersten experimentellen Ansätzen ersichtlich, miteinander verknüpft, wobei die Flexibilität der Membranstruktur eine entscheidende Rolle zu spielen scheint.

Im ersten Teil des Beitrages sollen anhand eigener Ergebnisse über die Regulation der intrazellulären Ca-, K- und Na-Konzentrationen Aspekte der Transportfunktion der Plasmamembran diskutiert werden, während der zweite Teil einen modernen Trend der Membranbiochemie, wie wir ihn zunehmend bearbeiten, vorstellt: die Erkennungsfunktion der Plasmamembran im Prozeß der Regulation der Zellproliferation. Damit wird der Versuch unternommen, von der isolierten Betrachtungsweise der Plasmamembran und einzelner Enzyme zu deren funktioneller Einordnung in komplexe Zellfunktionen zu kommen.

Zugunsten einer tiefergehenden Behandlung dieser Aspekte soll bewußt verzichtet werden auf die Diskussion z. B. struktureller Aspekte der Organisation von Lipiden und Membranproteinen, auf die Herstellung und Anwendung von Modellmembranen, auf die Rolle antigenspezifischer Membranrezeptoren oder die vermutete Beteiligung der Plasmamembran bei der Ausprägung eines malignen Phänotyps transformierter Zellen, um einige weitere Aspekte moderner Membranforschung zu nennen.

Bevor wir zur ersten Problematik Experimente skizzieren und Ergebnisse diskutieren, sollen einige charakteristische Besonderheiten der Arbeiten mit Plasmamembranproteinen erwähnt werden, die z. T. eigenständige Methoden und Denkweisen erforderlich machen. Dazu zählen:

1. Biologische Membranen unterscheiden sich von reinen Phospholipiddoppelschichtmembranen dadurch, daß sie asymmetrisch aufgebaut sind, d. h. die dem Zytoplasma zugewandte Oberfläche ist nicht identisch mit der zum extrazellulären Raum orientierten Membranoberfläche. Die katalytischen Zentren von Ionenpumpen sind beispielsweise ausschließlich dem Zytoplasma zugewandt. Dagegen wurden kovalent gebundene Kohlenhydrate auf der intrazellulären Seite der Plasmamembran niemals nachgewiesen. Bei der Isolierung von Membranproteinen oder Plasmamembranen ist die asymmetrische Anordnung zu berücksichtigen.

2. Membranproteine, die die Plasmembran permiieren, sogenannte intrinsische Membranproteine, sind nur unter Verwendung spezifischer Verfahren und unter Verwendung von Detergenzien zu isolieren.

Nach Entfernung des Detergenz sind die Proteine meist unlöslich in wäßrigen Salzlösungen.

Tanford sprach von der Notwendigkeit, eine Membranproteinchemie zu entwickeln, um dieses sicher gravierende Problem der Membranbiochemie zu lösen. Die Entwicklung ist durchaus noch im Anfang, jedoch wissen wir heute dank der Entwicklung auf dem methodischen Gebiet, daß in der Erythrozytenmembran nicht ca. 30 wie 1977 angenommen, sondern etwa 600 Polypeptide gelelektrophoretisch nachweisbar sind.

3. Die vielleicht wichtigste Entdeckung der Membranbiophysik der letzten Jahre über die hohe laterale Beweglichkeit von Membranproteinen, die die Ausbildung von Enzymkomplexen und damit die funktionelle Kopplung verschiedener Reaktionswege vorhersagte. Sie bietet neue Ansätze zum Verständnis solch komplexer Ereignisse wie der Beeinflussung von zwei scheinbar separaten und unabhängigen Membranprozessen wie der Aktivierung einer Adenylatzytklase und einer Proteinkinase, durch einen einzigen Rezeptor-Hormonkomplex.

Nach diesen einführenden Bemerkungen möchten wir uns jetzt einigen Resultaten unserer Arbeiten über die Aufklärung von Mechanismen energieabhängiger Ionentransporte zuwenden.

Wir führten die Mehrzahl unserer Untersuchungen an durch Zell-Subfraktionierung isolierten Plasmamembranen durch [1—5]. Entscheidend für eine Plasmamembranisolierung ist die Auswahl geeigneter Zellaufschluß- oder Homogenisierungsverfahren. Bis heute ist es sehr schwierig und durchaus keine Routinemethode Plasmamembranen hoher Reinheit zu isolieren, da intrazelluläre Membranen aufgrund ähnlicher Dichte und hydrophober Wechselwirkungen schwer abzutrennen sind. Üblicherweise wird bei der Plasmamembranisolierung angestrebt, die Membranen ohne den Verlust irgendwelcher Komponenten in nativer Form zu erhalten. Zur Untersuchung einzelner Membranproteine in ihrer natürlichen Lipidumgebung ist es jedoch notwendig die Membranen in Fragmente zu zerlegen, die das gewünschte Protein angereichert enthalten.

Das elektronenmikroskopische Bild solcher hochgereinigter Plasmamembranfragmente der Niere ist in Abb. 1 dargestellt. Diese Membranen wurden so isoliert, daß sie fast vollständig — zu ca. 90% — aus dem Leitenzym der Plasmamembran, der Na, K-ATPase bestehen [2]. Man sieht deutlich, daß dieses Enzym auf beiden Seiten der Membran Kontaktbereiche zu Effektoren enthält. Wir nahmen damals an, heute scheint das gesichert zu sein, daß pilzkopfähnliche Strukturen auf der zytoplasmatischen Seite der Membran das katalytische Zentrum ausbilden.

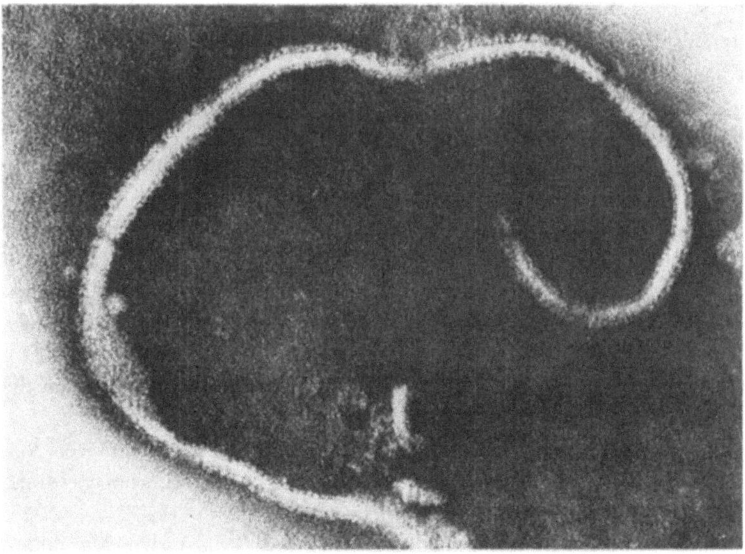

Abb. 1 Elektronenmikroskopische Abbildung von Membranfragmenten mit hochgereinigter (Na, K)-ATPase in vertikaler Projektion mit jeweils unterschiedlichen Oberflächenprotuberanzen. Negativkontrast, Vergrößerung ×230 000 (Dr. Vogel, ZIM)

Inzwischen wurden für verschiedene Membranproteine diese Strukturen als typisch gefunden.

Wendet man bei der Isolierung schonendere Bedingungen an, so ist es möglich, Plasmamembranen zu isolieren, die geschlossene Oberflächen ausbilden, sogenannte Vesikel. Die Anwendung solcher Vesikel für Ionentransportuntersuchungen hat in den letzten 5 Jahren wesentlich dazu beigetragen, die Transportfunktion der Plasmamembran experimentell zu prüfen. Wir haben diese Vesikel, deren Membranen sich während der Isolierung „umstülpen", d. h. ihre unter in vivo Bedingungen auf der inneren Seite befindlichen katalytischen Zentren nach außen, dem extravesikulären Raum, zuwenden, für die nachfolgend zu diskutierenden Untersuchungen eingesetzt.

Bekanntlich ist die Aufrechterhaltung der Konzentrationsgradienten für Ca-, Na- und K-Ionen Grundlage einer Vielzahl wichtiger physiologischer Funktionen und hat darüber hinaus regulatorische Bedeutung. Der Na-Auswärts- und K-Einwärtstransport stellt die Grundlage der Volumenregulation der Zelle dar. Hohe intrazelluläre K-Konzentrationen sind entscheidend bei der Ausbildung des Ruhepotentials der Zelle als K-Diffusionspotential. Na-Ionen sind der Träger des zelleinwärts gerichteten Depolarisationsstromes zur Erzeugung des Aktionspotentials erregbarer Muskelfasern und Nervenzellen. Durch den gegenläufigen Na/K-Transport ist auch die Voraussetzung geschaffen für die Rückresorption von Elektrolyten und Nichtelektrolyten in der Niere und im Dünndarm sowie die Sekretion des Speichels und des Pankreassaftes. Erwähnt werden muß hier der Einfluß der beiden Ionen auf die Glykose und die Proteinsynthese.

In den letzten Jahren ist die Zahl der Beispiele für die Bedeutung des Ca hinsichtlich der Steuerung von intrazellulären Prozessen derart angewachsen, daß in der Literatur bereits die Benennung des Ca als zweiter Bote, vergleichbar dem cAMP, gebräuchlich ist. Neben seiner zentralen Stellung in der Erregungs-Kontraktionskopplung der Muskelzellen und der Kopplung von Erregung und Freisetzung von Neurotransmittern in den Nervenzellen, kommt der Mobilisierung von Ca-Ionen eine entscheidende Rolle in der Zellaktivierung und der Regulation dieser Prozesse zu. Die totale intrazelluläre Ca-Konzentration beträgt 0,2—10 mM, wovon über 99% in gebundener Form vorliegen. Im Cytosol dagegen wurde lediglich ein Anteil des gesamten Ca von 0,06—1,3 µM bestimmt. Deshalb würde beispielsweise die Freisetzung von 0,1% des gebundenen Ca die freie Ca-Konzentration im Cytosol um ca. 1 Größenordnung erhöhen können, was enorme Folgen für die Steuerung vieler enzymatischer Regelketten hätte [6].

Aus den skizzierten Beispielen folgt, daß die Regulation der intrazellulären Na-, K- und Ca-Ionenkonzentration ein fundamentales Erfordernis jeglicher Zelltätigkeit ist. Welche Fragestellungen sollten untersucht werden?

1. In eukaryotischen Zellen ist seit 1957 die Na- und K-aktivierte, Mg-abhängige Adenosintriphosphatase (Na, K-ATPase) in der Plasmamembran als Transportenzym für den gekoppelten Na/K-Bergauftransport bekannt. Untersuchungen an Erythrozytenschatten und an Riesenaxonen des Tintenfisches bestärkten die Be-

funde Skous, wonach die ATPase die terminale Phosphatbindung des ATP spaltet und die freiwerdende Energie für den gerichteten Ionentransport nutzt [7]. Obwohl auch aus erregbaren Geweben wie Hirn und Herz Plasmamembranpräparate mit hohen Na, K-ATPase Aktivitäten isoliert worden sind, konnte bislang kein gekoppelter, ATP-abhängiger Na/K-Transport nachgewiesen werden. Die allgemeine Annahme, ATP als alleinige Transportform der chemischen Energie für die Reaktionen der Ionentransporte zu betrachten, wurde in gemeinsamen Untersuchungen mit Saks [3, 8] in Moskau kritisch geprüft, da aus energetischen Überlegungen folgte, daß die Na, K-ATPase in funktioneller Wechselbeziehung zu einem weiteren, ATP-rephosphorylierenden Enzym stehen sollte. Dieses Enzym wurde als membrangebundene Kreatinphosphokinase (MM Isoenzym) identifiziert. Es galt zu prüfen, ob und wie Kreatinphosphat den Ionentransport beeinflußt.

2. Verglichen mit dem Erkenntnisstand über den Na/K-Transport sind die Kenntnisse über die Mechanismen zur Regulation der intrazellulären Ca-Konzentration unzureichend. Bereits 1963 entdeckten Hasselbach und Makinose in sarkoplasmatischen Vesikeln eine ATP-abhängige Ca-Aufnahme. Diese Ca-Pumpe wurde inzwischen identifiziert. Auch Mitochondrien sind imstande, Ca aktiv aufzunehmen. Die Energie hierfür wird im Normalfall direkt aus derAtmungskette genommen. Speziell im Herzmuskel erfolgt bei jeder Depolarisierung ein Ca-Einwärtsstrom, verbunden mit einer kontinuierlichen Erhöhung des zytoplasmatischen Ca-Spiegels. Eine allmähliche Sättigung und Überlastung der intrazellulären Speicher wäre die Folge. Es muß also ein Transportmechanismus in der Plasmamembran gefordert werden, der Ca aus dem Zytoplasma in den extrazellulären Raum entgegen seinem elektrochemischen Gradienten befördert.

Es war folglich nach einer plasmamembranständigen Ca-Pumpe zu suchen.

3. Nach Untersuchungen am Riesenaxon des Tintenfisches, am Hirn und am Herzmuskel ist die Existenz eines Na-Gradienten-abhängigen Ca-Auswärtstransportmechanismus als experimentell gesichert anzunehmen [10]. Die Ca-Ausschleusung aus der Zelle ist hierbei gekoppelt an einen Einstrom von Na-Ionen entlang ihrem Konzentrationsgradienten und nutzt so die primär aus der ATP-Hydrolyse der Na, K-ATPase gewonnene elektrochemische Energie des Na-Gradienten. Nun gab es verschiedene indirekte Hinweise darauf, daß die (Na, K)ATPase nicht nur indirekt, durch die Bereitstellung des Na-Gradienten, sondern eventuell direkt, nämlich als Ca-Ionophor am Ca-Auswärtstransport beteiligt sein könnte [2]. Dieses war die dritte zu prüfende Hypothese.

Für die Testung der Hypothesen wurden zunächst die eingangs gezeigten geschlossenen Membranoberflächen, genannt Membranvesikel, eingesetzt, da mit ihrer Hilfe und der Verwendung entsprechender Radioisotope der Kationentransport meßtechnisch erfaßbar ist. Man mißt den intravesikulären Ionengehalt anhand der aufgenommenen Radioaktivität, nachdem die Reaktion durch Zugabe des Substrats in das Medium gestartet wird. Im Unterschied zur Zelle ist im geschilderten Fall das katalytische Zentrum der Mehrheit der Transportenzyme zum extravesikulärem Medium zugewandt, s. d. nur diese Ionenpumpen durch ATP aktiviert werden können, da die Membranen für Nukleotide undurchlässig sind [3, 4]. In Abb. 2 ist die Zunahme des Na-Gehalts bzw. die gegenläufige Abnahme des K-Gehalts in Anwesenheit von MgATP dargestellt, also tritt wie erwartet eine Umkehrung der in vivo Situation entsprechend der Seitenverdrehung der Membranoberflächen ein. Entscheidend ist, daß mit 0,3 mM ATP in Anwesenheit von Kreatinphosphat (CrP) der maximale Ionentransport gefunden wird. Ohne CrP werden 70fach höhere ATP Konzentrationen benötigt, um den Maximalwert zu

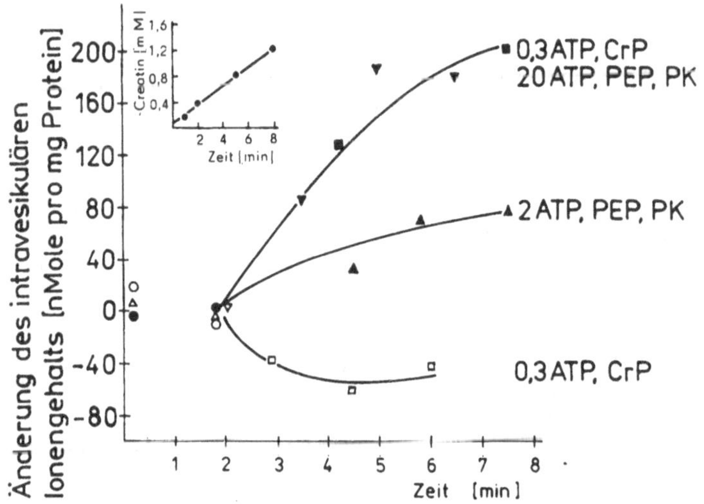

Abb. 2 Der Einfluß von MgATP oder ATP plus Kreatinphosphat auf den intravesikulären Na^+ und K^+-Gehalt. Der intravesikuläre Na^+-Gehalt wurde unter folgenden Bedingungen bestimmt: ohne Zusätze (△), (▽), (●); 2 mM MgATP, 5 mM Phosphoenolpyruvat, 15 JE/ml Pyruvatkinase (▲—▲); 20 mM MgATP, 5 mM Phosphoenolpyruvat, 15 JE/ml Pyruvatkinase (▽—▽); 0.3 mM MgATP, 5 mM CrP (■—■). Der intravesikuläre K^+-Gehalt: ohne Zusätze (○); 0.3 mM MgATP, 5 mM CrP (□).
Einsatzdiagramm: Kreatinfreisetzung unter Bedingungen des Na^+-Transports mit ATP und CrP

erreichen. Aus Resultaten kinetischer Studien wurde von uns gemeinsam mit Saks das nachfolgende Modell entwickelt (Abb. 3).

Wichtigstes Element ist die Annahme, daß die membranständige Na-Pumpe und die membranassoziierte Kreatinphosphokinase einen Multienzymkomplex mit gemeinsamen Mikrokompartiment für ATP und ADP bilden. Die funktionelle Kopplung der beiden Enzyme drückt sich u. a. darin aus, daß Ouabain, der spezifische Hemmstoff der (Na, K)-ATPase, die Kreatinfreisetzung hemmt. Folgende wichtigste Schlußfolgerungen leiten sich aus dem Modell [3] ab:

1. Die zyklische Bewegung von ATP und ADP zwischen den katalytischen Zentren der (Na, K)-ATPase und Kreatinphosphokinase führt zu einer Erhöhung des

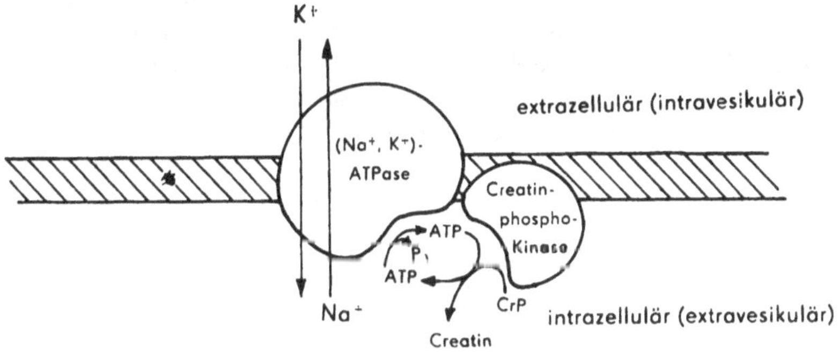

$$\frac{[ATP]}{[ADP]}_{\text{Mikro Kompartiment}} > \frac{[ATP]}{[ADP]}_{\text{Medium}}$$

$$\text{I.}\quad ATP + 3\,Na_i^+ + 2\,K_e^+ \rightleftharpoons ADP + 3\,Na_e^+ + 2\,K_i^+ + P_a$$

$$\text{II.}\quad CrP + ADP \rightleftharpoons Cr + ATP$$

Abb. 3 Darstellung der funktionelle Kopplung der (Na^+, K^+)-ATPase mit der Kreatinphosphokinase im Modell

ATP/ADP Verhältnisses in der Mikroumgebung der katalytischen Zentren. Dadurch wird eine Produkthemmung der (Na, K)-ATPase durch ADP verhindert,

2. Diffusionsbedingte Limittierungen der (Na, K)-ATPase-Reaktion sind praktisch ausgeschlossen.

3. Die unter „isolierten" oder „entkoppelten" Bedingungen nachgewiesene Reversibilität der ATPase-Reaktion wird zugunsten der Maximierung des Ionentransports aufgehoben.

Die Verallgemeinerungsfähigkeit der Schlußfolgerungen wird durch Befunde gestützt, wonach an der Erythrozytenmembran in analoger Weise die Kopplung zwischen (Na, K)-ATPase und Phosphoglyzeratkinase zur Optimierung der ATPase-Reaktion führt [12]. Die Ergebnisse beschreiben plausibel die Verknüpfung membranständiger, energieverbrauchender Reaktionen mit den energieliefernden zellulären Stoffwechselketten. Eine Entkoppelung und ein damit einhergehender Mehrverbrauch an Energie, beispielsweise zur Aufrechterhaltung der Ionengradienten könnte Stoffwechselreaktionen — z. B. die Glykolyse — verändern und zu krankhaften Entgleisungen führen. Für die Wertung der beschriebenen Phänomene hinsichtlich ihrer Verallgemeinerungsfähigkeit, zumindestens in Herzzellen, war es wichtig zu prüfen, ob ein postuliertes Ca-Transportsystem in ähnlicher Weise wie der Na/K-Transport mit der Kreatinphosphokinasereaktion funktionell gekoppelt ist.

Abb. 4 zeigt den zeitlichen Verlauf der Ca-Aufnahme in Membranvesikel, die aus dem Herzmuskel isoliert wurden. Die freie Ca-Konzentration beträgt 0,4 μM. Ähnlich wie im Falle des Na/K-Transports ist die Kombination aus ATP, CrP und der membranassoziierten Kreatinphosphokinase notwendig, um den Ca-Transport zu maximieren [13]. Eine Ca-Aufnahme in die Membranvesikel nachzuweisen ist zwar notwendig, jedoch nicht ausreichend, um die Existenz einer plasmamembranständigen Ca-Pumpe zu beweisen, da bereits geringe Verunreinigungen aus dem sarkoplasmatischen Retikulum Ca-Aufnahmen in die Membranvesikel vortäuschen können. Es galt daher, Membranvesikel aus Zellen so zu isolieren, daß Verunreinigungen aus dem Retikulum möglichst ausgeschlossen sind. Wir haben deshalb Membranvesikel aus Ehrlich-Ascites-Tumor-Zellen isoliert [4]. Diese Zellen besitzen weitaus weniger retikuläre Membranen als Herzmuskelzellen, und die Möglichkeit, die Zellsubfraktionierung mit einer Suspension von Einzelzellen zu begin-

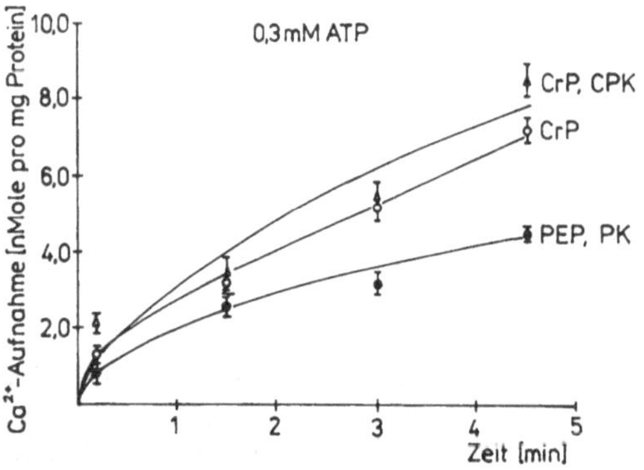

Abb. 4 Der MgATP plus Kreatinphosphat-getriebene Ca^{2+}-Transport
Bedingungen: 5 mM Phosphoenolpyruvat plus 10 JE/ml Pyruvatkinase (●—●), 5 mM CrP (●—●), 5 mM CrP plus 5 JE/ml Kreatinphosphokinase (▲—▲)

nen, sichert eine bessere Effizienz der Trennverfahren. Mit ihrer Hilfe wurde geprüft, ob neben dem Ca-Transport auch ein Ca-abhängiges, chemisches Intermediat der Transportreaktion nachzuweisen ist, welches die Ca-Pumpe der Plasmamembran von allen anderen bekannten Ca-Transportsystemen differenzieren ließe. Die bisher identifizierten Kationentransport-ATPasen, wie die (Na, K)-ATPase, die Ca-ATPase der Erythrozytenmembran und die Ca-ATPase des sarkoplasmatischen Retikulums zeichnen sich nämlich alle durch die Bildung phosphorylierter Intermediate, konkret von Aspartylphosphaten aus, die sich gelelektrophoretisch nachweisen lassen.

Abb. 5 zeigt das Autoradiogramm nach Phosphorylierung der Plasmamembran von Ehrlich-Zellen mit [γ-^{32}P]-ATP unter Bedingungen des Ca-Transports. Es konnte erstmals in Membranen kernhaltiger Zellen ein Ca-abhängiges Phosphoprotein nachgewiesen werden, das alle Kriterien der für Ionenpumpen typischen Azylphosphatverbindung erfüllt [4]. Die Molmasse von 135. 000 Dalton differenziert dieses Phosphorprotein von der Ca-Pumpe des Retikulums. Letztere ATPase enthält als katalytische Untereinheit ein Polypeptid mit der Molmasse von 90—110 000 Dal-

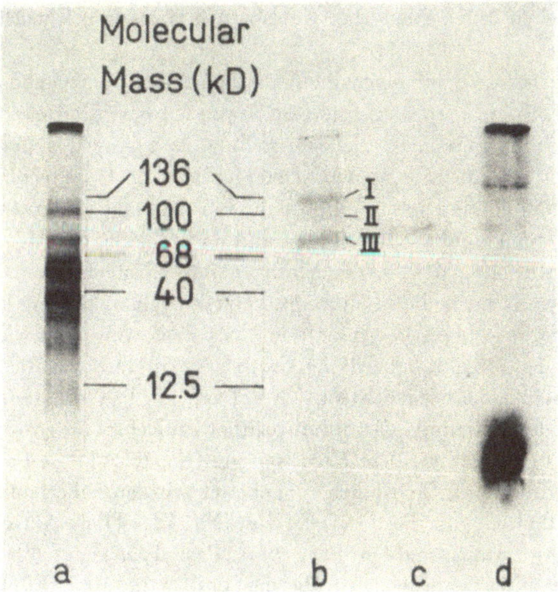

Abb. 5 Autoradiographischer Nachweis eines Ca^{2+}-abhängigen Phosphorproteins in Plasmamembranen von Ehrlich Aszites Tumor Zellen

Bedingungen:

a, Coomassie blau Anfärbung der Plasmamembranproteine nach SDS-Gelelektrophorese;

b, 160 mM KCl, 12 µM $MgCl_2$, 20 µM Ca^{2+}

c, 160 mM KCl, 12 µM $MgCl_2$, 500 µM EGTA;

d, 160 mM KCl, 5 mM $MgCl_2$, 20 µM Ca^{2+}

ton. Wir schlußfolgern also, daß Ca-Transport, Ca-abhängige ATP-Spaltung und Ca-abhängiges Phosphorprotein Eigenschaften der Ca-ATPase der Plasmamembran sind, die energieabhängig den Ca-Auswärtstransport über die äußere Zellmembran besorgt. Eine derartige Ca-Pumpe ist wahrscheinlich Bestandteil der Plasmamembran unterschiedlicher Gewebe — Hirn, Herz, Niere, Leber u. a. — und sorgt unabhängig von Na- oder K-Ionen sowie mit sehr hoher Affinität zum Ca (Km^{ca} = 0,2 $\times$ 10^{-6} molar) für den lebensnotwendigen Ca-Auswärtstransport aus der Zelle.

Wie einleitend erwähnt, wurde aus physiologischen Untersuchungen bereits vor vielen Jahren die Möglichkeit abgeleitet, daß ein nicht näher charakterisiertes Ionen-austauschendes Protein die elektrochemische Energie des Na-Ionengradienten nutzt, um den Na-Einstrom mit einem Ca-Auswärtstransport zu koppeln. Wahrscheinlich wird für 3 in die Zelle einfließende Na-Ionen ein Ca-Ion auswärts transportiert. Auch diesem zweiten System, das Ca^{2+} aus der Zelle zu befördern vermag, haben wir Untersuchungen gewidmet. Ist dieses Na/Ca-Austauschprotein neben der Ca-ATPase eine zusätzliche oder ergänzende Ausstattung der Plasmamembran, um die notwendige niedrige, intrazelluläre Ca-Konzentration zu sichern, und wenn ja, gilt dies für Zellen unterschiedlicher Gewebe wie Hirn- und Ehrlich-Zellen?

In diesem Zusammenhang ist kurz auf einen methodischen Aspekt einzugehen, da dieser zunehmend für Membranforscher an Interesse gewonnen hat; die Rekonstitutionstechnik. Diese Technik beinhaltet die Herstellung von geschlossenen Membranoberflächen aus 3 Komponenten, einem Detergenz (z. B. Deoxycholat oder Oktylglukosid), Phospholipid und Membranprotein. Bei Auswahl geeigneter Bedingungen lassen sich Detergenzlipidmizellen bilden und nach Zugabe der Membranproteine werden bei Entfernung des Detergenz sogenannte Proteoliposomen geformt, die in ihre Lipiddoppelschicht die Membranproteine eingebaut haben.

Abb. 6 gibt die elektronenmikroskopische Aufnahme eines Proteoliposoms wieder. Deutlich ist die partikuläre Membranoberfläche sichtbar, charakterisiert durch synaptosomale Membranproteine, vorwiegend (Na, K)-ATPase, die hier mit Hilfe der Gefrierätztechnik auf beiden Seiten der Membran sichtbar gemacht wurden [5].

Uns interessierte nun die Frage, ob aus dem Hirn isolierte (Na, K)-ATPase-Präparate, die mittels Rekonstitution in Liposomen eingebettet wurden, überhaupt Na/Ca-Austauschaktivität enthalten und diese parallel zur (Na, K)-ATPase-Aktivität angereichert werden kann? Dazu mußten (Na, K)-ATPase Präparate unterschiedlicher Aktivität rekonstituiert werden [5]. Da der positiv inotrope Effekt durch Ca wahrscheinlich über die Veränderung des Na-Gradienten ausgelöst wird.

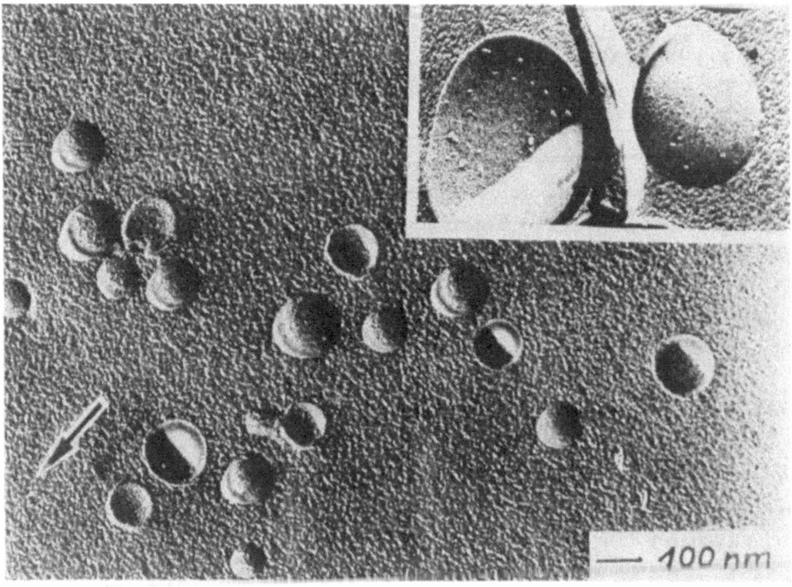

Abb. 6 Nachweis unilamelarer Vesikel nach Einbettung von (Na, K)-ATPase in Phosphatidylcholinliposomen. Die elektronenmikroskopische Darstellung erfolgte mittels Gefrierätztechnik durch Herrn Dr. H. W. Meyer, Friedrich Schiller Universität, Jena

hat selbstverständlich die Identifizierung des primär für den Ca-Transport verantwortlichen Carriers auch erhebliche praktische Bedeutung. Das Ergebnis der Messung des Ionentransports mit Hilfe der unterschiedlichen Proteoliposomen zeigen Abb. 7a und b. Es zeigt einmal das Kontrollexperiment, nämlich die ATP-abhängige Na-Akkumulation in Proteoliposomen unterschiedlicher (Na, K)-ATPase-Aktivität. Wie erwartet, korreliert der ATP-abhängige Na-Transport mit der (Na, K)-ATPase-Aktivität des Liposomenpräparates. Abb. 7b illustriert wie in Abwesenheit von ATP die Proteoliposomen mit Na beladen wurden, bevor die Verdünnung in einem K-Medium erfolgte. Der auf diesem Wege erhaltene, von innen nach außen gerichtete, Na-Gradient reicht aus, um Ca aktiv zu akkumulieren. Als Vergleich diente ein Versuchsansatz ohne Na-Gradienten. Die Differenzen der unter beiden Bedingungen gemessenen Ca-Aufnahmen sind für Präparate mit hoher oder nie-

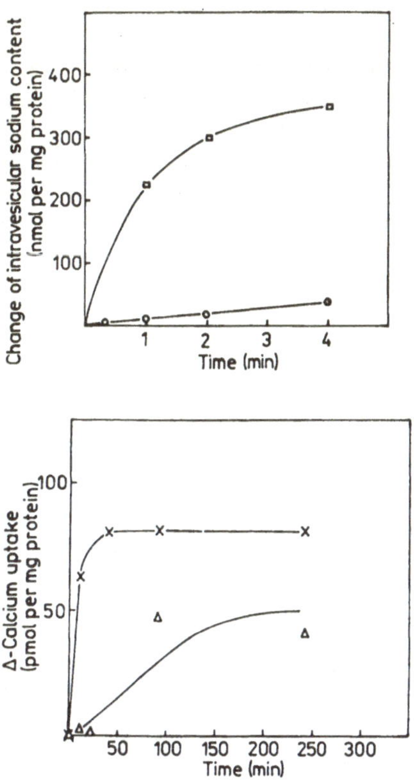

Abb. 7a, b ATP-abhängiger Na^+-Transport (a) und Na^+Gradienten getriebener Ca^{2+}-Transport (b) in rekonstituierten (Na^+, K^+)-ATPase-Vesikeln. Bedingungen: (a) Na^+-Aufnahmen in hochgereinigte (□) oder partiell gereinigte (○) (Na^+, K^+)-ATPase-Vesikel; (b) Na^+-abhängige Ca^{2+}-Akkumulation in hochgereinigte (△) oder partiell gereinigte (×) (Na^+, K^+)-ATPase-Vesikel

driger (Na, K)-ATPase-Aktivität in Abb. 7b dargestellt. Es ist klar, daß im Unterschied zur ATP-abhängigen Na-Aufnahme der Na-Gradientengeschriebene Ca-Transport nicht mit der (Na, K)-ATPase korreliert. Daraus und aus anderen Experimenten folgt, daß Plasmamembranen des Hirns zwar eindeutig ein Na/Ca-Austauschprotein enthalten, das die elektrochemische Energie des Na-Gradienten für den aktiven Ca-Auswärtstransport nutzt, jedoch dieses mit der Na-Pumpe nicht identische ist. Ein Na/Ca-Transportsystem konnte von uns weder in Ehrlich-Ascites-Zellen noch in kultivierten Hepatozyten nachgewiesen werden. Demgegenüber finden wir es jedoch auch im Herzmuskel [13]. Abschließend sind die Resultate als Modell zusammengefaßt (Abb. 8).

Wichtigste Elemente des Modells sind:

1. Wie Saks und Mitarbeiter zeigten, sichert die mitochondriale Kreatinphosphokinase über die Kopplung mit der ATP/ADP Translokase eine effektive Umwandlung des im Ergebnis der oxydativen Phosphorylierung gebildeten ATP in Kreatinphosphat, der Transportform des ATP [14].

2. Der CrP-Spiegel der Zelle ist für die Energieversorgung der Kationentransportsysteme der zellulären Membranen von entscheidender Bedeutung.

3. Das an der Plasmamembran assoziierte MM-Isoenzym der CPK sichert eine effektive Energieversorgung der (Na, K)-ATPase und Ca-ATPase sowie indirekt über die Realisierung des Na-Gradienten, den Na/Ca-Austausch durch das Austauschprotein. Da die funktionelle Kopplung mit der CPK charakteristisch für Herz

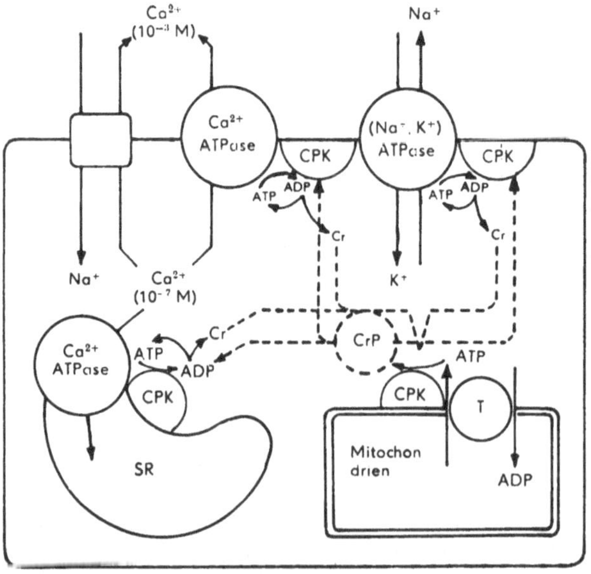

Abb. 8 Modell zur Regulation der intrazellulären Kationenkonzentrationen über die Plasmambran von Herzmuskelzellen

und wahrscheinlich Hirnzellen ist, könnten in Zellen anderer Gewebe bislang unbekannte ADP-rephosphorylierende Enzyme die hier geschilderte Funktion der CPK übernehmen.

4. Der Ca-Bergauftransport an der PM erfolgt in Herz und Hirn über eine ATP-abhängige Ca-Pumpe *und* ein Na/Ca-Austauschprotein welches unter Einsatz der Rekonstitutionstechnik einer Identifizierung zugänglich ist. In Zellen nicht erregbarer Gewebe, die also kein Aktionspotential ausbilden, wird kein wesentlicher Na/Ca-Austausch gemessen. Hier reguliert allein die Ca-ATPase den transmembranalen Ca-Transport.

Im Unterschied zur Ca-ATPase arbeitet das Na/Ca-Austauschprotein mit hoher Transportgeschwindigkeit, bei geringer Affinität zu Ca, d. h. wahrscheinlich unmittelbar nach Depolarisation der Zellmembran im Erregungs-Kontraktionszyklus, wo die intrazelluläre Ca-Konzentration auf über 10^{-6} molar ansteigt.

Die Identifizierung des Austauschcarriers und die Auffindung spezifischer Inhibitoren der Ca-Transportsysteme versprechen den Zugang zu neuen therapeutischen Verfahren, speziell im Hinblick auf die Entwicklung neuer herzwirksamer Pharmaka.

5. Letztlich soll das Modell die Bedeutung der Plasmamembran für die Regulation der intrazellulären Kationenkonzentrationen und damit für die in der Einleitung angeführten lebenswichtigen Funktionen zellulärer Prozesse demonstrieren. Es enthält weiterhin unsere Vorstellungen über den Zusammenhang zwischen den energieliefernden Stoffwechselreaktionen und den energieverbrauchenden Kationentransporten an der Plasmamembran.

Wie angekündigt wird im 2. Teil des Beitrages die Rezeptor- oder Erkennungsfunktion der Plasmamembran im Zusammenhang mit der Steuerung eines so grundsätzlichen Prozesses wie der Zellproliferation behandelt. Erinnern wir uns zunächst an das geläufige Zellzyklusmodell mit den einzelnen Phasen, die jede Zelle bis zur Mitose durchlaufen muß. Die Biochemie des Zellteilungsprogramms ist weitgehend unbekannt und unmittelbar auch kein Gegenstand dieses Beitrages. Für unsere Betrachtungen ist es lediglich wichtig zu beachten, daß in der G_1-Phase, wo bekanntlich keine DNS-Synthese erfolgt, die entscheidenden Weichen für das Gesamtprogramm gestellt werden. Aus Experimenten mit kultivierten Zellen, in denen RNS- oder Proteinsynthese spezifisch gehemmt wurden, konnte nämlich geschlossen werden, daß dem Eintritt der Zelle in die DNS-synthetisierende Phase, die S-Phase, entscheidende Reaktionen der Proteinbiosynthese in der G_1-Phase vorangehen müssen. Baserga u. a. schlußfolgern in Diskussionen über den Mechanismus proliferationsverändernder Faktoren, daß ihre wichtigsten Zielobjekte ribosomale RNS-Gene sind, da Verdopplung der RNS und Proteinmasse in der frühen G_1 einsetzen und vor der Mitose abgeschlossen sein müssen [15]. Uns interessiert folgende Frage:

Welche Mechanismen entscheiden darüber, ob die Zellen in der G_1-Phase des Zellzyklus arretiert werden und sich nicht mehr teilen, oder ob sie den hypothetischen sogenannten „restriction point“ überwinden können und sich teilen?

Folgende wichtige Hypothesen werden diskutiert:

1. Regulation der Zellproliferation durch peptische Proliferationsstimulatoren wie EGF, Insulin, Somatomedine [16]. Für den Spezialfall der malignen Transformation wird die autonome Produktion von sogenannten „Tumor-Wachstumsfaktoren“ diskutiert [17].

2. Regulation der Zellproliferation durch peptidische Proliferationsinhibitoren, darunter auch die sogenannten Chalone [18].

3. Regulation der Zellproliferation durch Zell-Zell-Wechselwirkung, was die Existenz entsprechender Signalsubstanzen auf der Membranoberfläche voraussetzt [19]

Es ist eine ungelöste Streitfrage wie unter in vivo-Bedingungen eine Gewebe- und Organspezifität der unterschiedlichen Proliferationsfaktoren realisiert werden könnte. Die Anhänger der Chalon-Theorie fordern gewebespezifische Proliferationsinhibitoren. Demgegenüber steht die plausible Annahme, daß die Spezifität im Membranrezeptor verschlüsselt ist. Das komplizierte Wechselspiel der verschiedenen Rezeptoren untereinander könnte den Effekt potenzieren (synergistische Wirkungsweise). Sicher werden beide Annahmen solange alternativ oder sich ergänzend diskutiert werden, wie entsprechende Proliferationsfaktoren *und* ihre Rezeptoren weitgehend unbekannt bleiben.

Ausgehend von den experimentell gesicherten Faktoren, wonach Proliferationsstimulatoren wie der Epidermis- und Nervenwachstumsfaktor, der Blutplättchen-abgeleitete Wachstumsfaktor, Insulin, Proinsulin, Insulin-ähnliche Faktoren, Somatomedine u. a. die Proliferation stimulieren können, postulieren wir, daß die genannten Faktoren in Kombination mit Proliferationsinhibitoren unter physiologischen Bedingungen die Zellteilung maßgeblich steuern. Während Proliferationsstimulatoren bereits isoliert wurden, sind Inhibitoren bisher lediglich aus konditionierten Zellüberständen oder Geweben angereichert worden. Ausgeschlossen sind hier lymphozytäre Faktoren, d. h. Faktoren mit „Langreichweite“.

Abgeleitet aus den geschilderten Umständen erscheinen uns daher zwei experimentelle Aufgaben als besonders vordringlich:

a) Die Isolierung physiologischer Proliferationsinhibitoren.
b) Die Aufklärung ihres Wirkungsmechanismus.

Im folgenden werden mögliche Wirkungsmechanismen von Proliferationsfaktoren anhand einiger der genannten Proliferationsstimulatoren diskutiert. Entsprechende Untersuchungsergebnisse mit Proliferationsinhibitoren liegen nicht vor. Wie entfalten Proliferationsfaktoren ihre Wirkung? Welche Rolle spielt dabei die PM? Grenzen wir zunächst das Thema auf die Diskussion der Wirkungsweise von zwei Proliferationsstimulatoren ein, den Epidermiswachstumsfaktor (EGF) und Insulin (welches als Proliferationsfaktor dem EGF nicht gleichgestellt werden kann, jedoch für nachfolgende Betrachtungen ein nützliches Modell darstellt), und vergleichen wir einige biologische Eigenschaften dieser Substanzen (bei Insulin nur bezüglich der Stimulierung der Zellproliferation) mit denen „traditioneller“ Hormone.

In Tabelle 1 sind die Hormone entsprechend der Zeitspanne zwischen Bindung und Wirkung in zwei Klassen differenziert aufgeführt. Die eine wird von SUTHERLAND [20] als „messenger" bezeichnet. Hormone dieser Klasse rufen unmittelbar nach Bildung des Hormon-Rezeptorkomplexes an der Plasmamembran eine schnelle Wirkung hervor. So steigt z. B. sofort nach Hormonbindung der cAMP-Spiegel an, cAMP wurde als second messenger bezeichnet, weil er die Folge der intrazellulären Ereignisse diktiert. Die Zeit der Hormonwirkung ist proportional der Rezeptorbesetzung und diese Zeitspanne umfaßt Sekunden bis Minuten [21].

Tab. 1 Klassifikationsschema für Hormone und hormonähnliche Substanzen (nach [20])

Eigenschaft	Primäreffekt (messenger)	Sekundäreffekt
Wirkung	sek, min	Std., Tage
Wirkungsdauer	kurz	lang
Umsatz	schnell	langsam
Haupteffekt	cAMP-Produktion	Proteinsynthese-veränderung
Wirkungs-mechanismus	extrazellulär	extrazellulär → intrazellulär (?)
Beispiele	Epinephrin Glukagon Parathyroidhormone	Thyroidhormone Glukokorticoide Insulin Proliferations-hormone

Die andere Klasse — als Sekundärhormone apostrophiert — hat einige gemeinsame Eigenschaften bezogen auf die frühen, schnellen Ereignisse mit der erstgenannten, z. B. Ionenfluxänderungen u. a., jedoch entscheidend ist folgender Unterschied:

Die Wirkung tritt erst nach Stunden bzw. sogar Tagen ein, und selbst erst dann, wenn z. B. die Hormon-Rezeptorwechselwirkung nicht mehr nachweisbar ist. Können wir also für diese Klasse — analog zur ersten — cAMP oder monovalente Ionen als sekundäre Botenstoffe im Sinne obengenannter Definition bezeichnen? Wenn nicht, welche sind dann die entscheidenden Träger oder Boten der Hormonwirkung? Schnell auftretende Ereignisse wie Änderungen des Ionen-Aminosäure- und Glukosetransports, Depolarisierung der Plasmamembran, Veränderung des intrazellulären pH u.a.m. sind charakteristisch für beide Hormonklassen und wahrscheinlich assoziiert mit einer allgemeinen Stimulierung des Zellmetabolismus [21].

Worauf die Langzeiteffekte der Proliferationshormone zurückzuführen sind, ist unbekannt; sie könnten eine späte Folge der relativ rasch eintretenden Änderungen in der Proteinbiosynthese sein. Das ist eine wichtige Annahme, die es zu prüfen gilt.

Der *molekulare Mechanismus*, dem sowohl Kurz, wie Langzeiteffekte zugrunde liegen, ist uns weitgehend unbekannt. Die schnellen Veränderungen sind ganz sicher durch die Plasmamembran initiiert und die postulierten zweiten Boten — ob cAMP oder peptidischer Mediator, könnten die Kandidaten sowohl der schnellen wie langsamen Änderungen sein. Konträr dazu steht die Annahme, wonach die Kurz- und Langzeitwirkungen unabhängig voneinander ablaufen, sobald der Rezeptor besetzt ist. Mit anderen Worten, die 10—15 Stunden nach Besetzung eines Membranrezeptors durch EGF bewirkte Abkurbelung der DNS-Synthese steht in keiner Relation zu einem Teil der frühen, schnell eintretenden Membranprozesse.

Die Kardinalfrage lautet also: Welche der in der Plasmamembran erfolgenden Reaktionen stehen tatsächlich in kausaler Beziehung zur Regulation der Zellproliferation?

Im folgenden seien einige der charakteristischen Kurzzeiteffekte beschrieben. Für die Untersuchungen wurden kultivierte Hepotozyten verwendet [22]. Nachdem sie einen dichten Zellrasen bildeten, wurde das Kulturmedium durch ein vollsynthetisches, serumfreies Medium ersetzt, um den Einfluß verschiedener physiologischer Proliferationsfaktoren zu untersuchen und deren Bedeutung für die Leberfunktion aufzuklären. Der stimulierende Einfluß einer Kombination von Hormonen, bestehend aus Insulin, Glukagon und EGF auf den Thymidineinbau in die DNS in Abhängigkeit von der Zeit nach Zugabe der Hormane wurde sorgfältig untersucht. Nach einer Phase, die ca. 10 Stunden währt und etwa der Dauer der G_1-Phase entspricht, erfolgt der exponentiell verlaufende Thymidineinbau. Es ist nicht gleichgültig, ob die Hormone gleichzeitig oder nacheinander zugegeben werden, die Wirkung erfolgt synergistisch. Amilorid, ein Blocker des Na-Einstroms in die Zelle, und Ouabain, der Hemmstoff der (Na, K)-ATPase, blocken die Stimulierung, aber nur, wenn sie frühzeitig zugegeben werden. Eine Zugabe nach 2 oder 6 Stunden ist ohne Wirkung auf die DNS-Synthese. Das wird erklärt durch den Befund, wonach die Stimulierung der DNS-Synthese einhergeht mit einem vermehrten frühen Na-Einstrom; wird dieser blockiert, ist auch die DNS-Synthese gehemmt. Na-Ionen sind also offenbar ein frühes Signal, das in Relation zur späten Hormonpirkung — 10 Stunden nach Hormonzugabe — stehen sollte [22]. Demgegenüber ist Ca ohne Einfluß in der frühen Phase der Hormonwirkung [23]. Aus diesen und weiteren Untersuchungen wurde postuliert, daß veränderte Ionenfluxe essentielle Begleiterscheinungen des Übergangs aus der G_0 — in die G_1-Phase sind [22]. Als Signalgabe der späteren Phasenübergänge $G_1 \rightarrow S$ wird cAMP angesehen, da nach ca. 10—15stündiger EGF- oder Insulin + EGF-Wirkung der intrazelluläre Spiegel dieses zyklischen Nukleotids charakteristisch ansteigt und unmittelbar nach Beginn der DNS-Synthese wieder abfällt. Wird dieser temporäre Anstieg geblockt, erfolgt keine DNS-Synthese. In diesem Zusammenhang wird nun Ca-Ionen eine große Bedeutung zugeschrieben. [24].

Unseres Erachtens sind zumindest eine Reihe dieser, wie auch anderer, Kurzzeiteffekte bei der Stimulierung der DNS-Synthese — beispielsweise die Veränderung des Membranpotentials, vermehrte Desoxy-Glukoseaufnahme, Veränderung des intrazellulären pH u. a. — zwar notwendige, aber nicht ausreichende Kriterien für die spezifische Initiierung der DNS-Synthese durch Proliferationsstimulatoren. Die Analogie der Reaktionen zu den Wirkungen der „messenger-Hormone" ist offenkundig, jedoch erscheint sie für die Erklärung der Wirkung von Proliferationsfaktoren nicht ausreichend, weil viele unterschiedliche Faktoren mit ihren verschiedenen Membranrezeptoren, sowie, wie jüngst gezeigt, selbst alkylierende Antimetabolite ähnliche Kurzzeiteffekte hervorrufen. Welche zusätzlichen Reaktionen würden den Langzeiteffekt (Stimulierung der DNS-Synthese) erklären? Die geforderte Spezifität könnte über eine chemische Reaktion erreicht werden, z. B. durch eine kovalente Modifizierung des Rezeptors. Tatsächlich wurde für EGF und Insulin gezeigt, daß beide ihre jeweiligen Rezeptoren, die selbst Proteinkinaseaktivität enthalten, über die Phosphorylierung eines Tyrosinrestes modifizieren [25, 26]. Wie könnte diese sehr schnelle, spezifische Reaktion in Beziehung zur EGF-Wirkung, d. h. Stimulierung der DNS-Synthese stehen? Wir können darüber lediglich spekulieren.

Einige Befunde machen ein funktionelles Wechselspiel zwischen Plasmamembran, Replikation und *Translation* wahrscheinlich. So wurden konfluente 3T3 Zellen zu verschiedenen Zeiten mit EGF behandelt, anschließend das Zytoplasma isoliert und im zellfreien Test die DNS-Synthese an isolierten Kernen vermessen [27]. Man fand eine Abhängigkeit der DNS-Synthese von der EGF-Konzentration im physiologischen Konzentrationsbereich. Die Zellen mußten mindestens 15 Stunden mit EGF vorinkubiert werden, bevor die maximale DNS-Syntheseleistung im zellfreien Testsystem erreicht werden konnte. EGF, wenn dem Zytosol direkt zugemischt, blieb ohne Effekt. Die Autoren kamen zum Schluß, daß ein Membranrezeptor bzw. ein von ihm abgeleiteter Bote über die Translationsebene die kritische Konzentration eines einzelnen Proteins so verändert, daß die Initiierung der Replikation erfolgen kann. In einem analogen Experiment wurde mit 3T3 Zellen unter in vitro-Bedingungen der Insulineinfluß auf die Phosphorylierung des ribosomalen S6 Proteins gemessen. Nicht erst Stunden wie im Falle des Thymidineinbaus in die DNS mußten vergehen, sondern bereits nach Minuten erfolgt die spezifische Phosphorylierung, die durch Antikörper gegen den Insulinrezeptor auf der Membranoberfläche vollkommen blockiert werden konnte. Andere Experimente unterstrichen die Bedeutung der Proteinbiosynthese, indem gezeigt wurde, daß die spezifische Phosphorylierung ribosomaler Proteine schnell abfällt, nachdem ruhenden Zellen frisch zugesetzten Medium entzogen worden war [29].

Wir möchten also kurz bilanzieren; Die Wechselwirkung des Proliferationsfaktors mit dem Membranrezeptor ist Voraussetzung für die spezifische Ab- oder Anschaltung der Proteinbiosynthese in Minutenbereich, Stunden später erfolgt die Änderung der DNS Synthese. Wir postulieren einen Zusammenhang zwischen Membranrezeptor und Proteinsynthese als Voraussetzung für die Regulation der Zellproliferation.

Von der zellulären Ebene nun zurück zur Ebene der PM. Welche membranständigen molekularen Mechanismen könnten die Spezifität der Hormonwirkung erklären und das Bindeglied zwischen Membran und Translationsapparat darstellen? Wir versuchen das am Beispiel der Insulinwirkung zu erläutern, da unseres Erachtens hier der Fortschritt der letzten 3 Jahre völlig neue Denkansätze über Struktur und Funktion von Membranrezeptoren ermöglichen.

In Abb. 9 sind unterschiedliche Modelle von Membranrezeptoren abgebildet, deren Funktionsweise erst plausibel interpretiert werden konnte, nachdem mit biophysikalischen Methoden die hohe laterale Beweglichkeit von Membranproteinen nachgewiesen worden war. Danach postulierten Cuatrecases und Hollenberg [31], daß Rezeptorbesetzung (in Analogie zum Koshland-Postulat des „induced-fit") die Wechselwirkung des Rezeptors-Hormon-Komplexes mit einem oder mehreren benachbarten Membranproteinen induzieren kann. Beispielsweise würde auf diesem Wege die Besetzung des Glukagonrezeptors eine membranständige Adenylatzyklase aktivieren, könnte aber auch parallel eine Proteinkinase stimulieren,

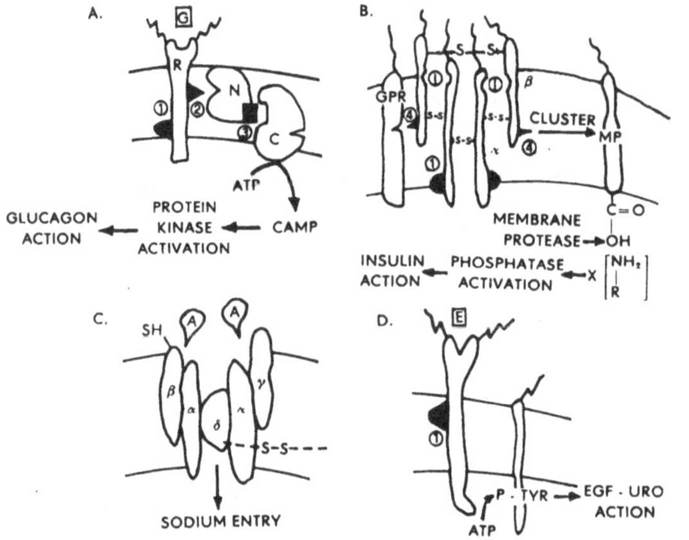

Abb. 9 Modelle zur Zellaktivierung über Hormon-Rezeptor-Wechselwirkung (nach M. Hollenberg (1982), Trends in Pharmacological Sciences 3, S. 2)
A: Glukagon (G) — Rezeptor
B: Insulin (I) — Rezeptor
C: Azetylcholin (A) — Rezeptor
D: EGF (E) — Rezeptor
(1) — Bindungsorte für Internalisierung, (2) (3) — Bindungsorte für Kopplung von Rezeptorbesetzung und Zyklaseaktivierung, (4) — Interaktionsort für das Substrat (MP) der Insulin-vermittelten proteolytischen Aktivität, × — peptidischer zweiter Bote der Insulinwirkung

vorausgesetzt, der Rezeptorkomplex hat unterschiedliche Bindungsorte oder Affinitäten zu den genannten Enzymen. Neben dem Azetycholinrezeptor sind der Insulin- und EGF-Rezeptor gezeigt. Für den Insulinrezeptor könnte folgender Mechanismus diskutiert werden. Die Besetzung des Rezeptors durch Insulin und seine Autophosphorylierung bewirken entweder die Komplexierung des Rezeptors mit einer membranständigen Protease, oder alternativ, Insulin induzierte die Aggregation zweier benachbarter Rezeptormoleküle. Das so gebildete Aggregat ist ein qualitativ neuer Multienzymkomplex mit Proteaseaktivität. Insulin induziert also in jedem Fall Proteaseaktivität und diese führt zur Abspaltung eines biologischen Botenstoffes aus dem Rezeptor.

Wie Membranproteinphosphorylierung in Beziehung zur Proteasewirkung stehen und sich beide Phänomene in das „veraltete“ Insulinmodell (keine Proteinkinaseaktivität des Insulinrezeptors) einordnen lassen, ist unklar. Eine Lösung wäre die Kombination beider Reaktionen, d. h. der Proteolyse und der Phosphorylierung — in der Weise, daß die erste und schnellste Reaktion auf dem Weg der Erkennung und Transduktion die Bindung und Phosphorylierung ist, letztere zur Rezeptoraggregation und nachfolgenden Abspaltung eines Botenstoffes führt. Es stellt sich also die Frage, ob das primäre Ergebnis der Besetzung und Phosphorylierung des Membranrezeptors in Beziehung zur nachfolgenden Wirkung, z. B. der Phosphorylierung der ribosomalen Untereinheit steht. Folglich wäre nach einem Zusammenhang zwischen Insulinbindung, Membranproteinphosphorylierung und Phosphorylierung der ribosomalen Proteine zu suchen. Stimulierung des Initialschrittes der Membranphosphorylierung und Aktivierung von Teilschritten der Proteinbiosynthese sollten in Relation zueinander stehen. Damit stünde eine Möglichkeit der gezielten Steuerung zur Verfügung, z. B. über die Isolierung eines Hemmstoffes des initialen Phosphorylierungsschrittes an der PM.

Wir meinen, daß einige der aufgeworfenen Fragestellungen speziell der Membranforschung neue Impulse geben können, da sie integrativ auf benachbarte Forschungsgebiete wie Zellphysiologie und Zellkinetik wirken und nur in Kooperation verschiedener Gruppen unter Wahrung ihrer disziplinären Stellung zu beantworten sind. Wir dürfen hoffen, daß aus der Bearbeitung fruchtbare Impulse nicht nur für die Membranforschung entspringen, sondern auch für die Grundlagenforschung auf den Ebenen der Translation und Replikation.

Literatur

[1] R. Grosse, T. Rapoport, J. Malur, J. Fischer und K. R. H. Repke (1979) Biochim. Biophys. Acta 550, 500—514.

[2] F. Vogel, H. Meyer, R. Grosse und K. R. H. Repke (1977) Biochim. Biophys. Acta 470, 497—502.

[3] R. Grosse, E. Spitzer, V. [illegible], V. [illegible] und K. R. H. Repke (1980) Biochim. Biophys. Acta 603, 142—156.

[4] E. Spitzer, F. Böhmer und R. Grosse (1983) Biochim. Biophys. Acta, im Druck.

[5] K. Eckert und R. Grosse (1982)) Biochim. Biophys. Acta 692, 69—80.

[6] E. Carafoli und M. Crompton (1978) in „Current Topics in Membranes and Transport" (F. Bronner and A. Kleinzeller) 10, 151—218, Academic Press New York.

[7] I. C. Skou (1973) Bioenergetics 4, 1—30.

[8] V. A. Saks, N. Lipina, V. Sharov, V. Smirnov, E. Chazov und R. Grosse (1977) Biochim. Biophys. Acta 465, 550—558.

[9] W. Hasselbach (1978) Biochim. Biophys. Acta 515, 23—53.

[10] J. Requena, R. Di Polo, F. Bringley und L. Mullins (1977) J. Gen. Physiol. 70, 329—353.

[11] R. Schön, W. Schönfeld, K.-H. Menke und K. R. H. Repke (1972) Acta Biol. Med. Germ. 29, 643—659.

[12] F. Proverbio und J. Hoffman (1977) J. Gen. Physiol. 69, 605—632.

[13] E. Spitzer, R. Grosse, V. Kuprijanov und A. Preobrazhensky (1981) Acta Biol. Med. Germ. 40, 1111—1122.

[14] V. A. Saks, G. Chernonsova, I. Voronkov, V. Smirnov und E. Chozov (1974) Circ. Res. 34/35, 138—149.

[15] R. Baserga (1981) in Handbook of Eperimental Pharmacology (Ed. R. Baterga) 57, 1—8, Springer-Verlag Berlin-Heidelberg-New York.

[16] R. W. Holley, P. Böhlen, R. Fava, J. Baldwin, G. Kleeman und R. Armour (1980) Proc. Natl. Acad. Sci. USA, 5989—5992.

[17] R. Shields (1978) Nature 272, 670—671.

[18] O. Iversen (1981) in Handbook of Eperimental Pharmacology (Ed. R. Baserga) 57, 492—550, Springer-Verlag Berlin, Heidelberg, New York.

[19] L. Fischer und G. Koch (1976) Biochem. Biophys. Res. Comm. 72, 1229—1237.

[20] G. A. Robinson, R. Butcher, E. Sutherland (1971) in „Cyclic AMP", 19—22, Academie Press, New York.

[21] R. Bradshaw und J. Rubin (1980) J. Supramol. Structure 14, 183—199.

[22] H. Leffert und K. Koch (1982) in Cold Spring Harbor Conferences on Cell Proliferation 9: Growth of Cells in Hormonally Defined Media, 597—613 Cold Spring Harbor Laboratory.

[23] R. Grosse, K. Koch und H. Leffert (1983) J. Physiol., im Druck.

[24] J.Whitfield, A. Boynton, J. Macmanus, M. Sikorska und B. Tsang (1979) Mol. Cell Biochem. 27, 155—179.

[25] S. Cohen, G. Carpenter und L. King, Jr. (1980) J. Biol. Chem. 255, 4834—4842.

[26] E. van Obberghen und A. Kowalski (1982) Febs Letters 143, 179—182.

[27] M. Das (1980) Proc. Natl. Acad. Sci. USA 77, 112—116.

[28] O. Rosen, C. Rubin, M. Coble und C. Smith (1981) in Cold Spring Harbor Conferences on Cell Proliferation 8: Protein Phosphorylation 771—783, Cold Spring Harbor Laboratory.

[29] G. Thomas, M. Siegmann, J. Gordon, L. De Asna, J. Martinez-Perez und P. Nielsen (1981) in Cold Spring Habor Conferences on Cell Proliferation 8: Protein Phosphorylation 783—801, Cold Spring Harbor Laboratory.

[30] M. Hollenberg (1982) TIPC 3, 25—28.

FSC
www.fsc.org
MIX
Papier | Fördert gute Waldnutzung
FSC® C083411

Kolibri 360 GmbH
Ferdinand-Jühlke-Straße 7
99095 Erfurt, Deutschland
produktsicherheit@kolibri360.de